AF483021

CULTURE

DES ÉGLANTIERS.

PARIS. — IMPRIMERIE DE CASIMIR,

RUE DE LA VIEILLE-MONNAIE, Nº 12.

CULTURE
DES ROSIERS

ÉCUSSONNÉS

SUR ÉGLANTIERS,

PAR M. ALFRED DE TARADE,

MEMBRE DE LA SOCIÉTÉ HORTICULTURALE

DE PARIS.

PARIS.

ROUSSELON, LIBRAIRE,

RUE D'ANJOU-DAUPHINE, N° 9.

1828.

CULTURE
DES ROSIERS

ÉCUSSONNÉS

SUR ÉGLANTIERS.

Est modus in rebus.

———◦◦◦———

C'est pour vous, amateurs de roses, que je vais *esquisser* quelques idées sur la culture et l'éducation des églantiers, dont je me suis occupé depuis plusieurs années. Je n'ai moi-même commencé à agir que d'après les conseils de ceux qui avaient une longue expérience, et c'est en observant chaque jour que je rectifie mes travaux.

Heureux si je puis atteindre le but que je me propose et vous mettre à même de porter la civilisation parmi des sauvages, en métamorphosant avec succès le perfide et piquant églantier en une rose élégante et variée ! Quel plaisir, après un long travail, de voir au matin d'un beau jour éclore la rose, qui, la veille, n'était qu'un bouton ! Ce plaisir a pour moi des charmes, et je les doublerai, si je puis parvenir à vous les faire partager.

C'est pour **vous** que j'écris, et je réclame votre indulgence ; je m'attacherai à être clair et précis, afin de ne point abuser des momens que **vous** voulez bien m'accorder : heureux mille fois celui

Qui dit, sans s'avilir, les plus petites choses,
Fit, des plus secs chardons, des œillets et des roses,
Et sut même aux discours de la rusticité
Donner de l'élégance et de la dignité.

BOILEAU. Ép. XI.

Beaucoup de gens instruits ont donné d'excellens conseils et de très-bonnes méthodes pour greffer et écussonner des arbres à fruits ; mais sans doute ils ont dédaigné l'églantier, puisque aucun d'eux n'a indiqué de manière précise et claire pour réussir et parvenir au point où nous en sommes. Cette culture est tellement à la mode aujourd'hui, qu'il n'est pas un château, une maison de campagne, et même de petits jardins, où l'on ne s'occupe à former des amphithéâtres et des avenues d'églantiers : c'est surtout aux environs de la capitale que l'on remarque les jolis coups d'œil que forment ces arbrisseaux, qui n'ont pas été rassemblés ainsi sans coûter beaucoup aux propriétaires.

Aussi pour vous qui habitez la campagne, vous éviterez ces grandes dépenses en suivant mes conseils, et surtout en éloignant ces vieilles méthodes auxquelles certaines personnes tiennent toujours avec opiniâtreté.

Ainsi nous suivrons ensemble et progressivement cette culture, depuis le moment où l'on fait extraire l'églantier des haies, jusqu'à celui où on le retire de la pépinière pour en former des avenues, des amphithéâtres ou des lignes graduées. Nous verrons,

1° Le choix des églantiers ;

2° La taille des racines ;

3° L'englutinage ;

4° La manière de former la pépinière ;

5° Les tuteurs ou balisses ;

6° Le soin à apporter pour diriger les pousses ;

7° La destruction des vers et des chenilles ;

8° Le soin à apporter pour ongler les pousses trop fortes ;

9° La destruction des aiguillons ;

10° Le moment d'écussonner et la manière de bien opérer ;

11° Le moment de desserrer les ligatures ;

12° La taille des pousses ;

13° La façon d'hiver ;

14° La taille du mois de mars ;

15° La manière de diriger l'œil aspirant ;

16° Les tuteurs à attacher à chaque rosier ;

17° La taille d'hiver ;

18° Le transport en avenue, etc. ;

19° La taille courte et annuelle.

Ce travail, divisé ainsi qu'il doit être suivi, nous présentera une occupation pendant deux années, temps nécessaire pour élever un églantier.

Choix des Églantiers.

C'est à l'époque du mois de novembre qu'il faut penser à faire arracher les églantiers; ce temps est celui où la sève est entièrement descendue. C'est dans les vieilles haies et sur la lisière des bois que ce choix peut se faire avec le plus de succès. Les églantiers dont l'écorce est grise, ceux qui sont rayés de vert et de gris, sont ceux qu'on doit choisir en rejetant les églantiers rouges, qui supportent fort mal l'écusson. Il faut recommander aux ouvriers qui les arracheront, de ne les couper qu'au-dessus de la première fourche, vous réservant, par ce moyen, la facilité de les couper où vous voudrez, afin d'en faire des arbres droits.

Comme la plupart des églantiers viennent sur souche, il est quelquefois difficile de les arracher; dans ce cas, il faut prévenir vos ouvriers qu'il n'est pas toujours nécessaire d'arracher la souche; pourvu que l'on aperçoive un peu de chevelu ou quelques racines nouvelles au pied, cela suffit.

Taille des racines.

Cette opération est bien essentielle, puisqu'elle conduit à une réussite assurée, et qu'elle vous met à même de conserver vos sujets plus long-temps. Comme je vous l'ai dit (article précédent), il est rare

de trouver des églantiers qui ne soient pas sur souche, et vous en jugerez par les premiers que l'on
vous apportera , auxquels vous remarquerez de
grosses taloches, de longues racines et de vieux
chicots qui contribueraient, en pourrissant au bout
d'un an ou deux, à faire périr vos églantiers.

Pour éviter cet inconvénient, il faut avoir une
petite scie à main, avec laquelle vous couperez ,
suivant que les arbustes le demanderont , ces
grosses souches, ces grosses racines et ces vieux
chicots, ainsi que toutes les parties mortes, observant sur toutes choses de ménager le chevelu et les
petites racines qui peuvent s'y trouver.

Cette opération a le double avantage de dégager
l'arbre de racines inutiles et nuisibles, et de vous
permettre de planter avec facilité chacun de vos
arbres dans un pot ou dans une caisse.

Aussitôt que vos racines sont bien coupées,
comme je viens de vous le recommander, il faut
prendre une serpette et rafraîchir, par son moyen,
le bord de toutes les parties que vous aurez sciées.

Cette opération terminée, vous examinez à quelle
hauteur votre arbre peut être coupé pour être bien
droit ; ce que vous faites encore avec votre petite
scie. Observez surtout qu'il doit être coupé comme
un bâton, c'est-à-dire, sans fourches ni chicots
partout où la scie a passé ; il faut toujours en rafraîchir les bords avec la serpette.

Englutinage.

C'est d'après les remarques que j'ai faites, que j'apprécie beaucoup cette opération que d'autres négligent : cependant il est facile d'en concevoir l'utilité.

L'églantier que vous venez de tailler et de couper est un arbre à moelle, qui, par conséquent, est sujet à la gelée lorsque l'hiver est rude. La pluie et l'humidité qui séjourne toujours sur ce tronc, mis à découvert, tendent à le faire pourrir. D'un autre côté, les arbres que vous avez plantés, et qui, à l'époque des hâles de mars et d'une partie du printemps, n'ont pas encore eu le temps de se couvrir de feuilles, capables de protéger leur tronc, sont exposés à gercer et à se dessécher. D'après ces trois inconvéniens, vous reconnaîtrez facilement, avec moi, la nécessité de l'englutinage, qui consiste à enduire le bout de vos arbres avec une gomme ou mastic dont je vais vous donner la composition :

Une livre de poix blanche, dite de Bourgogne ;

Un quarteron de poix noire ;

Un quarteron de poix résine ;

Un quarteron de cire jaune ;

Deux onces de suif ;

Une once de mastic de fontainier, pilé ;

Une demi-once de sel de nitre.

Vous mettez le tout dans une casserole en terre sur un feu modéré, et le laissez bien fondre et se mêler pendant environ trois quarts d'heure ou une heure. Lorsque le tout est bien mêlé et fondu, vous prenez vos églantiers un à un, et trempez le bout de chacun dans ce mastic, de manière à en mettre une demi-ligne d'épais sur chacun ; il ne faut pas que le mastic soit trop chaud. Si vos églantiers sont déjà en place, c'est avec une spatule ou le bout d'une fourchette de fer que vous les enduirez.

Manière de former la pépinière.

Une chose claire et précise que l'on peut embrasser et saisir au premier coup d'œil, flatte toujours davantage que celle qui ne l'est pas ; c'est pourquoi je vous recommande l'organisation régulière de votre pépinière, et voici le moyen d'y parvenir :

Tous vos églantiers sont taillés de racines, coupés suivant la longueur qu'ils ont pu porter, et bien englutinés ; alors vous commencez par prendre tous les plus grands pour en former une ligne, ensuite les moyens pour en former une autre, les plus petits après pour une troisième, observant toujours cette gradation dans le cas où votre plantation serait plus considérable. Mais, comme dans chacun des choix que vous venez de faire il existe toujours une petite différence pour les longueurs, il est à propos d'ajuster les églantiers par terre suivant leur taille, avant de les planter.

Sur le terrain que vous avez dû faire façonner et fumer en septembre, vous placez un cordeau à chacune des extrémités où vous voulez former votre ligne, et vous commencez à planter un églantier à chaque bout et un dans le milieu, afin d'établir votre ligne bien droite. Pour cette opération, il faut être trois : l'un tient la bêche, fait et bouche le trou ; un autre avance ou recule l'églantier, suivant le besoin qu'il en a pour être en ligne, et le troisième dirige l'alignement. Le trou n'a pas besoin d'avoir plus de sept à huit pouces de profondeur ; l'églantier une fois enterré, vous le foulez avec les pieds et vous rameublissez la terre à l'entour.

Tuteurs ou Balisses.

Vos églantiers ainsi plantés n'ont aucune solidité, et le grand vent détruirait bien vite votre opération et la peine que vous vous êtes donnée. Pour obvier à cet inconvénient, il faut les assujettir au moyen d'un tuteur ; mais, comme il deviendrait nécessaire d'en avoir une grande quantité si votre pépinière était considérable, alors vous pourriez employer un autre moyen, qui est celui des balisses.

Il faut pour cela avoir des petits pieux que vous enfoncez en terre avec force de trois en trois églantiers, et, avec des balisses ou petites baguettes de noisetiers bien droites, vous consolidez et attachez le tout ensemble, au moyen de petits osiers, observant, avant de terminer, de rectifier les alignemens que ce travail pourrait avoir dérangés.

Soin à apporter pour diriger les pousses.

C'est à l'époque du mois de mars que vous commencerez à recueillir la première récompense de vos travaux précédens, en voyant vos églantiers pousser et se couvrir d'yeux, qui, plus tard, vous donneront les pousses sur lesquelles vous devez écussonner.

Comme il serait inutile et dangereux pour vos églantiers de leur laisser tous les yeux qu'ils pourraient pousser, il faut examiner la force de chacun et n'en laisser que ce que vous croyez qu'ils peuvent nourrir, c'est-à-dire, deux, trois, quatre, et quelquefois cinq. C'est toujours à la sommité de vos arbres qu'il faut laisser les pousses que vous réservez et que vous avez soin, autant qu'il est possible, de diriger en triangle ou en pied de pot, afin de pouvoir faire former à votre arbre une petite tête ou boule dès la première année de son écusson. Lorsque vous avez fait le choix des pousses que vous voulez conserver, vous détruisez journellement et avec soin, au moyen d'une serpette, tous les autres yeux qui voudraient pousser et partir.

Destruction des vers et des chenilles.

C'est un des soins les plus importans que celui que vous devez apporter à la destruction des vers et des chenilles. Le petit ver qui attaque l'églantier est un ennemi dangereux et difficile à combattre, attendu qu'il se cache toujours ; mais avec une scrupuleuse attention, et surtout de bons yeux, vous parviendrez à le découvrir. Il n'est pas plus gros que le corps d'une épingle, et se renferme toujours dans une ou plusieurs feuilles qu'il entortille avec sa gomme ; il demeure dans cette espèce d'habitation jusqu'à ce qu'il ait rongé les provisions qui l'environnent. Il s'attache particulièrement à la sommité des pousses, ce qui fait beaucoup de tort aux églantiers, en retardant leur développement d'une sève. Les chenilles sont plus grosses, et par conséquent moins difficiles à apercevoir, mais il faut les poursuivre à outrance.

Soin à apporter pour ongler les pousses trop fortes.

C'est ordinairement entre les deux sèves qu'il faut s'attacher à cette opération, parce qu'alors vous êtes à même de faire des remarques sur vos églantiers, qui ont déjà à cette époque de très-belles pousses ; mais comme il est impossible qu'elles soient toutes également belles, alors il faut retrancher la nourriture aux plus gourmandes, afin de la partager entre celles qui le sont moins. Pour cela vous examinez chaque églantier séparément ; et, lorsque vous remarquez sur le même sujet, où vous avez laissé trois pousses (je suppose), qu'il y en a deux qui sont à peu près de même grosseur, et que la troisième végète et souffre, alors vous cassez avec vos ongles la sommité des deux pousses qui sont trop fortes, ce qui s'appelle *ongler* ou *pincer*. Par ce moyen vous arrêtez la sève qui se portait avec trop de force sur ces deux pousses, et vous la forcez à refluer dans celle qui l'était moins. Il ne faut pas négliger cette opération parce que de là dépend la beauté des pousses sur lesquelles vous allez avoir à écussonner.

Destruction des aiguillons.

Avant de penser à écussonner, il est une petite opération qu'il convient de ne pas négliger. C'est de détruire les aiguillons qui se trouvent à l'endroit où vous devez appliquer votre écusson. Il ne faut pas attendre au dernier moment pour cette opération ; elle doit être faite au moins un mois avant de penser à écussonner, afin que la petite plaie qui survient à l'endroit où vous ôtez chaque aiguillon ait le temps de se guérir ; car vous remarquerez que chaque place d'aiguillon devient noire. Ainsi

vous aurez le soin de faire cette opération à l'époque
du mois de juillet.

Moment d'écussonner, et manière de bien opérer.

C'est de la perfection de cette opération que
dépend la réussite de vos travaux, et c'est d'elle
que vous devez attendre la récompense des soins
que vous avez donnés à vos églantiers jusqu'à ce
moment.

Cette opération a besoin d'être faite avec promp-
titude, afin que le soleil ne dessèche pas même
entre vos mains les yeux que vous allez écussonner. Ainsi, lorsque vous aurez toute une pépinière
à greffer, je vous engage à prendre quelqu'un
d'adroit et d'assez exercé pour faire les ligatures,
qui sur toutes choses ne doivent pas être trop
serrées.

Pour conserver vos greffes fraîches, vous avez
soin, pendant l'opération, de les tenir à l'abri du
soleil dans un vase à moitié plein d'eau, de manière que le bout de chaque greffe puisse s'y bai-
gner : chaque greffe doit être munie d'une petite
étiquette qui désigne son espèce. Il faut avoir de
petites étiquettes préparées en parchemin ; et aussitôt que vous avez greffé, vous en attachez une à
votre arbre, ayant eu soin d'écrire le nom de son
espèce avec du crayon seulement, parce qu'à la fin

de la journée vous récapitulez votre opération en formant un petit catalogue.

Je n'entrerai dans aucun détail sur la manière de lever un œil pour écussonner, parce que cette description, à mon avis, serait imparfaite, et que je crois qu'il vaut mieux voir opérer que de la lire. Du reste, il n'est pas un jardinier qui ne sache *lever un œil* pour écussonner, et je vous engage à vous adresser pour cette leçon à celui qui sera le plus à votre portée, vous observant cependant que l'œil doit être placé le plus près possible de l'aisselle du scion, afin d'avoir plus de facilité à recouvrir la plaie et à faire corps avec le sujet.

Lorsque vous aurez reçu cette leçon, je vous engage à beaucoup vous exercer sur les premières pousses venues : car c'est de la grande habitude que l'on a d'une chose que naissent l'habileté et la perfection.

Il y a deux manières d'écussonner : la première s'appelle *écusson en œil poussant*, et la seconde, *écusson en œil dormant sur bois nouveau et sur corps*.

Les résultats de l'écusson en œil poussant sont si peu assurés que je vous engagerais à ne pas l'employer, si cependant il ne présentait pas quelques avantages dans des circonstances particulières. D'abord on peut s'en servir pour greffer certaines espèces, telles que les bengales, les multiflores, les noisettes, les quatre saisons, etc.,

2

enfin les espèces remontantes. Mais, d'après les remarques que j'ai faites, il est très-difficile de bien réussir, et vos sujets végètent et périssent au bout de deux ou trois ans.

Voici le cas où je crois qu'il est le plus convenable d'employer *l'œil poussant;* c'est seulement lorsque vous vous êtes procuré, au mois de mai ou de juin, une ou plusieurs espèces de roses qu'il vous est impossible d'avoir plus tard. Alors, pour les conserver et doubler la quantité d'yeux que vous aviez, vous employez l'œil poussant qui commence à se déployer au bout de quinze à vingt jours, et au mois d'août il se trouve avoir assez poussé pour vous donner de nouveaux yeux : tel est, à mon avis, le seul cas où l'œil poussant présente de l'avantage.

Je sais très-bien que l'on peut encore réussir avec l'œil poussant, mais cela demande une grande attention et des connaissances que je tâcherai de vous détailler plus tard.

Ainsi, d'après ces observations, nous adoptons *l'œil dormant,* qui s'appelle ainsi, parce qu'il ne pousse pas de suite, mais qu'il dort pendant l'hiver, afin de se développer avec beaucoup plus de force au printemps. C'est à l'époque de la fin de juillet et du commencement d'août qu'il faut greffer en *œil dormant.*

Après la greffe en *œil dormant,* vous ne coupez rien, vous laissez la pousse dans toute sa longueur;

mais dans celle en *œil poussant,* vous la coupez au contraire à deux ou trois yeux au-dessus de votre écusson. Dans l'article séparé, où je parlerai de la greffe en *œil poussant,* je vous expliquerai pourquoi je vous ai dit de laisser trois ou quatre yeux et l'usage que vous devez en faire.

Écussons sur corps.

Je vous ai parlé de la réussite que vous obtiendrez en greffant à *œil dormant* sur des branches de l'année, à l'époque du mois d'août. Je vais vous parler encore de l'écusson sur corps, à œil dormant, et des cas où il est très-avantageux ; le succès en est aussi assuré que celui du précédent.

Si à l'époque de l'écussonnage une très-grande sécheresse privait vos églantiers de sève, ou que des occupations vous aient empêché de travailler à temps, ou bien encore que vos églantiers n'aient pas poussé suffisamment, dans l'un et l'autre de ces cas, ne vous découragez pas : laissez vos églantiers tels qu'ils sont, c'est-à-dire, avec toutes leurs branches ; au printemps suivant ces branches pousseront et seront accompagnées de beaucoup d'autres, attendu que l'églantier ayant plus de racines aura plus de branches ; alors il formera une petite tête de rosier sauvage.

Dans cet état, et à l'époque des premiers jours de juillet, vous écussonnerez sur le corps, à la hauteur que vous voudrez, au-dessous de la naissance des premières branches, en posant un écusson à droite, et un autre du côté opposé et à une hauteur égale, de manière que la même ligature, pour laquelle vous remplirez les conditions que j'indique pour celle dont je parlerai plus loin, puisse servir pour tous les deux. Vous laissez vos sujets dans cet état, sans y rien toucher jusqu'au mois de mars suivant.

A cette époque, vous jetez à bas avec votre sécateur ou tout autre instrument la tête d'églantier sauvage que vous coupez un demi-pouce au-dessus de vos écussons.

Dans le cas encore où vous auriez, au milieu d'une ligne graduée, un sujet qui aurait sa tête trop élevée, ou bien une espèce qui vous déplairait, vous pourriez ou le raccourcir ou en changer l'espèce sans arracher votre sujet, en exécutant ce que je viens de vous dire de l'écusson sur corps et pour lequel je vous garantis un plein succès.

Vous pouvez encore former une pépinière de sujets moyens de grosseur, les y laisser vieillir pendant deux ou trois ans, sans vous en occuper autrement que pour les binages, les labours et les drageons ; alors, à l'époque indiquée, vous greffez sur corps.

Mes observations et mon expérience me portent à croire que cette manière d'écusson peut être préférée, par la facilité qu'elle présente à l'églantier pour recouvrir sa plaie et reformer son bourrelet ; car, dès la première année, les écussons poussent avec vigueur et forment déjà une petite tête.

Moment de desserrer les ligatures.

Pour faire cette opération, sans rien risquer, il est à propos de bien consulter le temps qu'il a fait depuis le moment où vous avez écussonné : si le temps a été humide, c'est ordinairement vingt-cinq jours ou un mois après avoir écussonné ; si, au contraire, il y a eu des chaleurs et de la sécheresse, il faut attendre six semaines au moins : voici le moyen de la faire.

Comme il ne faut pas ôter tout-à-fait la ligature, mais seulement la desserrer, vous vous servez de votre écussonnoire qui doit toujours être bien affilé, et, avec la pointe, vous coupez la portion du milieu de la ligature, du côté opposé à vos yeux : il faut faire cette coupure légèrement pour ne point attaquer l'écorce. Par ce moyen vos yeux se trouvent dégagés et restent couverts de la laine qui les protége contre les rayons du soleil qui seraient encore nuisibles, en faisant bâiller et ouvrir vos incisions ; plus tard vous ôterez le restant de la ligature environ trois semaines après. Ce moyen est plus expéditif, et je l'emploie dans mes pépinières ; mais si vous avez peu de sujets, je vous engage à desserrer votre ligature, puis ensuite la reformer très-légèrement, afin de contenir les bords de l'incision que vous avez faite pour appliquer votre écusson.

Taille des pousses.

C'est un travail que vous verrez arriver et que vous ferez avec plaisir, puisqu'il vous mettra à même de connaître le résultat de vos travaux et de rétablir le bon ordre et la propreté dans votre pépinière, en la débarrassant de ces énormes pousses sauvages qui la rendent inaccessible.

C'est au mois d'octobre, vers le 10 ou le 12, enfin, quand la sève est tombée, qu'il faut procéder à ce travail ; pour le faire avec plus de plaisir et de facilité, il faut se servir d'un instrument que l'on appelle *seccateur*, qui est des plus commodes. Avec cet instrument vous coupez indistinctement vos pousses à la longueur de huit à dix pouces, et à mesure vous les retirez de votre pépinière ; cette opération faite, vous pouvez parcourir avec plaisir vos travaux, et je ne vous engage pas à le faire, attendu que je suis certain que vous le ferez sans mon conseil.

Façon d'hiver.

Avant de vous livrer au repos pendant l'hiver, il est nécessaire de protéger vos églantiers contre la rigueur du froid ; pour cela, vous faites façonner votre terrain et le couvrez bien de grand fumier. Quand il est ainsi couvert, vous faites relever les bords avec une petite pioche, afin que le vent ne le disperse pas, et qu'il se trouve alors comme encaissé.

Taille du mois de mars.

Vous devez vous rappeler que vous avez taillé en octobre toutes les pousses de vos églantiers à la longueur de huit à dix pouces. Maintenant il faut les tailler plus court, et c'est au commencement de mars qu'il faut faire cette opération. Le motif pour lequel vous les avez coupés à huit à dix pouces de long, était d'abord pour dégager votre pépinière, ensuite pour que l'arbre n'en souffrît pas dans le cas où l'extrémité de la pousse viendrait à geler ou à mourir.

C'est avec votre *seccateur* qu'il faut tailler et ne laisser qu'un œil au-dessus de votre écusson, lequel s'appelle, en ce cas, l'*œil aspirant ;* de cet œil dépend la réussite et la vigueur que doit avoir votre écusson. Quant au bout du tronc de l'églantier, qui se trouve au-dessus de la plus haute pousse, et qui est ordinairement mort, il faut le couper avec une petite scie à main et rafraîchir les bords à la serpette, puis après l'englutiner.

Manière de diriger l'œil aspirant.

Lorsque tous vos églantiers sont bien taillés, ainsi que je viens de vous le décrire, le soin le plus important que vous ayez à remplir est de vous occuper à détruire toutes les pousses (que l'on appelle alors des *gourmands*) qui voudraient partir autour de vos églantiers, ainsi que les *drageons* qui partent du pied.

Lorsque l'œil aspirant que vous avez laissé à votre taille dernière a commencé à pousser deux ou trois petites feuilles, il est temps de le détruire, en cassant, avec les doigts, la sommité de sa pousse, ce qui s'appelle *ongler*. En fait de greffe, cet œil s'appelle *aspirant*, parce qu'il sert à aspirer la sève, et vous met à même de la diriger et de la faire refluer dans votre écusson, lorsque vous onglez cet œil aspirant. Lorsque votre écusson a poussé d'environ quatre à cinq pouces de long, et qu'il peut se nourrir lui-même, alors vous détruisez entièrement l'œil aspirant en l'enlevant avec une serpette. Quoique détruit il a encore son utilité, c'est de maintenir de la

verdeur dans le bout de la branche et de l'empêcher de mourir, ce qui pourrait altérer vos
écussons.

Tuteurs à attacher à chaque rosier.

Ce soin est plus utile que l'on ne pense, et,
c'est pour vous éviter les chagrins que j'ai éprou-
vés, que je vais vous le bien recommander ; si
vous le négligez, il ne faut qu'un moment, un
coup de vent, un orage, un oiseau, pour détruire la peine que vous vous serez donnée depuis
dix-huit mois.

Au moment où vos écussons commenceront à
se développer, occupez-vous à ramasser des petites
baguettes de noisetiers grosses comme le petit
doigt, et coupez - les à la longueur d'environ
deux pieds ; ensuite vous les attacherez le long
du corps de vos églantiers, au moyen de deux
petits osiers que vous serrerez fortement. Je dis
d'attacher le long du corps la portion seulement
nécessaire pour l'assujettir, l'autre dépasse la
sommité de l'églantier d'environ dix - huit pouces.

Alors, quand vos écussons auront déjà bien
poussé, vous les assujettirez après ce petit tuteur
au moyen d'un brin de jonc, et vous éviterez,
par cette précaution, le chagrin de voir détruire
vos travaux par un coup de vent, ce qui m'est

arrivé bien souvent avant que je connusse ce moyen.

Voici maintenant le terme de vos désirs, la récompense de tous vos soins et de tous vos travaux. Chaque matin vous amènera une nouvelle jouissance, et je vous engage à n'en pas laisser échapper un seul instant ; car cette jouissance sera courte.

> Et, rose, elle a vécu ce que vivent les roses,
>   L'espace d'un matin.
>
> MALHERBE.

Cependant il y a un moyen de prolonger ses plaisirs ; c'est d'écussonner beaucoup de roses remontantes, telles que les bengales, les noisettes, les portlands, les quatre saisons, etc. ; par ce moyen vous avez des roses jusqu'en novembre, ce qui est fort agréable. C'est surtout la première année après qu'ils sont écussonnés que vos églantiers produiront les plus belles roses, et je vous enseignerai le moyen de les conserver dans cette nature et de les empêcher de dégénérer.

Taille d'hiver.

C'est vers la mi-octobre, quand la sève est tombée, qu'il faut tailler vos églantiers-roses, c'est-à-dire, couper chaque pousse à la longueur d'environ un pied ; ce travail les prépare à être transportés de la pépinière dans l'endroit pour lequel vous les destinez. N'oubliez pas non plus, au moment où vous les arracherez, de couper avec des ciseaux le pétiole des feuilles de ceux à qui il en resterait. Cette précaution est des plus essentielles, si vous ne voulez pas vous exposer à voir périr vos arbres, et c'est ce qui arriverait si vous les plantiez avec des feuilles.

Transport en avenue.

C'est au moment où vous faites arracher votre pépinière que vous êtes à même de juger de l'effet qu'a produit le travail que vous avez fait aux racines, en remarquant la quantité de chevelu que chacune a poussé.

Lorsque tous vos églantiers sont arrachés, vous rafraîchissez l'extrémité des racines, et vous vous occupez à assortir les grandeurs de chacun, afin de n'avoir pas de peine à réussir, dans le cas où vous voudriez faire une avenue, une ligne graduée, ou même un amphithéâtre ; chacune de ces manières de planter a sa place, et chacune d'elles produit un effet remarquable ; ainsi j'abandonne ce choix à votre bon goût.

Quelle que soit la manière que vous adoptiez, n'oubliez pas ce que je vous ai dit à l'article des tuteurs ou des balisses, et qu'il est à propos d'exécuter quand votre plantation est terminée.

Taille courte et annuelle.

Je vous ai promis de vous indiquer le moyen de conserver vos roses belles, et de les empêcher de dégénérer. C'est ici le moment de vous indiquer la dernière opération que vous avez à faire à vos églantiers, et qu'il vous faudra recommencer tous les ans au mois de mars.

Ce moyen consiste à tenir toujours la taille courte, c'est-à-dire à deux yeux sur chaque branche de l'écusson. Observez cependant qu'il y a beaucoup d'espèces qui demandent à être taillées un peu plus long. Ne craignez pas d'abattre de belles pousses venues dans l'année précédente ; il en repartira de plus belles et vous n'y perdrez rien. C'est aussi le moment de couper le petit bout de sauvageon sur lequel vous aviez laissé l'œil aspirant.

A l'article où je vous ai parlé de l'écusson en *œil poussant,* je vous ai promis de vous expliquer le motif pour lequel je vous ai engagé à laisser trois ou quatre yeux au-dessus de vos écussons et l'usage que vous devez en faire.

Au moment où vous écussonnez en *œil poussant,* c'est-à-dire, vers les premiers jours de juin, la pousse sur laquelle vous opérez est dans toute sa sève, et, par conséquent, cette même sève s'épuiserait bien vite si vous ne lui laissiez aucun œil pour l'aspirer ; tout au contraire la sève ne s'épuise pas et se divise dans les trois ou quatre yeux que vous laissez. Comme ces yeux ne pourraient toujours subsister sans faire du tort aux écussons, alors, au bout de huit ou dix jours, vous onglez l'œil le plus élevé, et de sept à huit jours après vous onglez successivement les autres jusqu'au moment où votre écusson commence à se développer ; sans cette attention particulière, il vous faut entièrement renoncer à l'œil poussant qui ne ferait, en étant dirigé autrement, que végéter et vous donner peu de succès.

Espèces sarmenteuses.

Avant de terminer mes conseils, je dois vous faire part de l'heureuse idée qu'a eue un de mes voisins, relativement aux espèces de roses sarmenteuses, telles que le multiflore et ses variétés, le boursault et ses variétés, etc. Je l'ai moi-même exécutée sur mes sujets de ce genre, et j'en suis enchanté par le bel effet qu'ils me procurent.

Les multiflores et les boursaults étendent au loin leurs scions, et sont, par conséquent, très-faciles à palisser ; mais si, dans l'ensemble d'une plantation, vous désirez réunir ces espèces, il deviendrait alors fort désagréable d'avoir des branches tombantes et rampantes , qui , par leur propre poids, seraient toujours exposées à être cassées : pour obvier à cet inconvénient, M***, la première année, a la précaution de bien garantir des accidens ces scions tombans , et d'en laisser bien mûrir le bois jusqu'à la fin d'octobre; alors, à cette époque, il relève toutes ces branches et les lie entre elles en forme de boule la plus ronde possible. Les espèces dont je vous ai parlé s'y prêtent facilement.

Au mois de mars vous n'avez aucune taille à leur faire, et sitôt que la sève est montée, vous les voyez se couvrir de feuilles et de boutons en quantité prodigieuse. Plus la boule est élevée, plus l'effet en est admirable , et c'est, suivant moi, une des jolies manières de gouverner ces espèces.

Au nombre des quatre ou cinq espèces très-sensibles à la gelée, le multiflore tient le premier rang ; par conséquent, pour conserver les sujets que vous aurez ainsi élevés avec le temps, et que vous ne devrez qu'à votre patience, je vous engage beaucoup à les envelopper de paille à l'entrée de l'hiver, et à ne les découvrir que lorsque les plus grands froids seront passés.

Maintenant que je crois être arrivé au but que je me proposais, celui de vous détailler l'éducation des églantiers, et la manière de parvenir à cette culture avec un succès assuré , je vais terminer mes conseils et vous laisser au milieu

de vos enfans, étant certain qu'en bon père de
famille vous leur prodiguerez tous vos soins, en
reconnaissance des jouissances que vous éprou-
verez.

FIN.

TABLE.

—

FIN DE LA TABLE.